Welcome

Thank you for choosing Page A Day Math, a great way to introduce essential math basics and writing numbers. Page A Day Math books help your child develop a solid math foundation through daily step-by-step practice, repetition, and of course, the friendly Math Squad!

How to Use This Book

1. Student traces and solves each problem, completing a page a day, front and back.
2. Parent checks answers and circles incorrect problems.
3. Student corrects errors.
4. Student colors in achievement stars each day when finished!

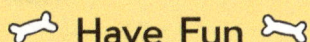 Have Fun

Copyright © 2017 by Page A Day Math. All rights reserved. Published by Page A Day Math LLC. Page A Day Math with the Math Squad is a trademark of Page A Day Math. Page A Day Math and Page A Day Math with the Math Squad and all associated logos are trademarks and/or registered trademarks of Page A Day Math LLC.

ISBN - 978-1-947286-01-6

No part of this publication may be reproduced, stored in a retrieval system, or transmitted in any form or by any means, electronic, mechanical, photocopying, recording, or otherwise, without written permission from the publisher. For information regarding permission, write to Page A Day Math, Attention: Permission Department, 6890 E Sunrise Dr. Suite 120-203, Tucson, AZ 85750. Created and written by Janice Auerbach.

 ## Getting Started

This book belongs to _____

Dear Super Hero Math Student,

You can be a Math Squad Super Hero like Flo, Jo, Bo, Zo, and me! Practice every day and you'll be a math star too!

P.S. Check out what my math buddies and I are up to in the Math Squad Monthly at www.PageADayMath.com.

Day 1

Count ➪   0 + ✺ = ✺

Learn ➪   0 + 2 = 2

Trace ➪   0 + 2 = 2

Copy ➪   ☐ + ☐ = ☐

Zo says, "Math is fun. Practice and be a math star like me!"

1) 0 + 2 =   6) 8 + 1 =

2) 10 + 1 =   7) 0 + 2 =

3) 2 + 0 =   8) 7 + 1 =

4) 1 + 9 =   9) 2 + 0 =

5) 0 + 2 =   10) 1 + 6 =

© 2017 Page A Day Math, LLC

Day 1

Wow, you are learning fast. Here are a few more.

11) 0 + 2 =

12) 9 + 1 =

13) 1 + 5 =

14) 2 + 0 =

15) 7 + 1 =

16) 1 + 4 =

17) 0 + 2 =

18) 3 + 1 =

19) 1 + 6 =

20) 2 + 0 =

21) 8 + 1 =

22) 1 + 10 =

23) 2 + 0 =

24) 1 + 2 =

☆ Color in the stars each day when you finish!

Day 2

Count ⇨ 🦴 + 🦴🦴 = 🦴🦴🦴

Learn ⇨ 1 + 2 = 3

Trace ⇨ 1 + 2 = 3

Copy ⇨ ☐ + ☐ = ☐

You are on your way to success! Try these!

1) 1 + 2 = ☐

2) 2 + 0 = ☐

3) 2 + 1 = ☐

4) 1 + 10 = ☐

5) 1 + 2 = ☐

6) 2 + 0 = ☐

7) 2 + 1 = ☐

8) 9 + 1 = ☐

9) 1 + 2 = ☐

10) 2 + 0 = ☐

© 2017 Page A Day Math, LLC

Day 2

You are coming along and doing so well!

11) 2 + 0 =

12) 2 + 1 =

13) 4 + 1 =

14) 0 + 2 =

15) 7 + 1 =

16) 1 + 2 =

17) 8 + 1 =

18) 1 + 5 =

19) 0 + 2 =

20) 2 + 1 =

21) 6 + 1 =

22) 2 + 0 =

23) 1 + 3 =

24) 2 + 1 =

 Color in the stars each day when you finish!

Day 3

Count ⇨ 🦴 + 🦴 = 🦴🦴🦴

Learn ⇨ 2 + 2 = 4

Trace ⇨ 2 + 2 = 4

Copy ⇨ ☐ + ☐ = ☐

Hurray! Keep going. You've got it.

1) 2 + 2 = ☐
2) 1 + 2 = ☐
3) 1 + 1 = ☐
4) 2 + 2 = ☐
5) 0 + 2 = ☐

6) 1 + 8 = ☐
7) 2 + 2 = ☐
8) 1 + 2 = ☐
9) 2 + 0 = ☐
10) 2 + 2 = ☐

Day 3

Alright! Practice makes perfect. Go for it!

11) 2 + 2 =
12) 0 + 2 =
13) 7 + 1 =
14) 2 + 2 =
15) 1 + 5 =
16) 1 + 2 =
17) 2 + 0 =

18) 2 + 1 =
19) 1 + 4 =
20) 2 + 2 =
21) 2 + 0 =
22) 1 + 6 =
23) 2 + 2 =
24) 2 + 1 =

 Color in the stars each day when you finish!

 # Day 4 Review

This is a great time to review what you have learned.

1) 2 + 2 =

2) 2 + 1 =

3) 0 + 2 =

4) 2 + 2 =

5) 1 + 2 =

6) 8 + 1 =

7) 2 + 0 =

8) 2 + 1 =

9) 2 + 2 =

10) 2 + 0 =

11) 1 + 9 =

12) 0 + 2 =

13) 2 + 2 =

14) 1 + 2 =

# Day 4 Review

Keep practicing! You are improving. Woof-woof!

15) $2 + 2 =$ 　　　　　22) $0 + 2 =$

16) $5 + 1 =$ 　　　　　23) $2 + 1 =$

17) $2 + 2 =$ 　　　　　24) $2 + 2 =$

18) $10 + 1 =$ 　　　　25) $9 + 1 =$

19) $2 + 0 =$ 　　　　　26) $1 + 6 =$

20) $1 + 2 =$ 　　　　　27) $7 + 1 =$

21) $8 + 1 =$ 　　　　　28) $2 + 2 =$

Day 5

Count ➡ 🦴🦴🦴 + 🦴🦴 = 🦴🦴🦴🦴🦴

Learn ➡ 3 + 2 = 5

Trace ➡ 3 + 2 = 5

Copy ➡ ☐ + ☐ = ☐

You are doing so well. Keep it up. Terrific!

1) 3 + 2 = ☐

2) 2 + 2 = ☐

3) 2 + 3 = ☐

4) 1 + 2 = ☐

5) 3 + 2 = ☐

6) 0 + 2 = ☐

7) 2 + 3 = ☐

8) 2 + 1 = ☐

9) 3 + 2 = ☐

10) 2 + 2 = ☐

Day 5

You are getting better. Woof-woof! Yippee!

11) 3 + 2 =
12) 1 + 2 =
13) 10 + 1 =
14) 2 + 3 =
15) 2 + 0 =
16) 3 + 1 =
17) 2 + 2 =

18) 2 + 3 =
19) 2 + 2 =
20) 2 + 1 =
21) 2 + 2 =
22) 4 + 1 =
23) 3 + 2 =
24) 0 + 2 =

Day 6

Count ⇨ 🦴🦴🦴🦴 + 🦴🦴 = 🦴🦴🦴🦴🦴🦴

Learn ⇨ 4 + 2 = 6

Trace ⇨ 4 + 2 = 6

Copy ⇨ ☐ + ☐ = ☐

Zo says, "Try these...woof...go for it!"

1) 4 + 2 = ☐   6) 2 + 2 = ☐

2) 3 + 2 = ☐   7) 2 + 4 = ☐

3) 2 + 4 = ☐   8) 3 + 2 = ☐

4) 2 + 2 = ☐   9) 4 + 2 = ☐

5) 4 + 2 = ☐   10) 1 + 2 = ☐

Day 6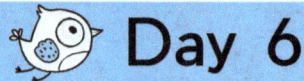

You are on the right track. Hurray! Keep it up!

11) 10 + 1 =

12) 4 + 2 =

13) 2 + 1 =

14) 2 + 4 =

15) 4 + 2 =

16) 0 + 2 =

17) 3 + 2 =

18) 4 + 2 =

19) 2 + 0 =

20) 2 + 3 =

21) 1 + 9 =

22) 7 + 1 =

23) 2 + 4 =

24) 1 + 2 =

Day 7

Count ➡

Learn ➡ 5 + 2 = 7

Trace ➡ 5 + 2 = 7

Copy ➡

OK, now try these. Jo knows you can do it.

1) 5 + 2 =

2) 3 + 2 =

3) 2 + 5 =

4) 1 + 2 =

5) 5 + 2 =

6) 2 + 2 =

7) 5 + 2 =

8) 2 + 4 =

9) 5 + 2 =

10) 2 + 0 =

© 2017 Page A Day Math, LLC

Day 7

Terrific! Good for you. Now finish these.

11) 5 + 2 =

18) 0 + 2 =

12) 3 + 2 =

19) 2 + 4 =

13) 2 + 0 =

20) 5 + 2 =

14) 2 + 5 =

21) 2 + 1 =

15) 2 + 3 =

22) 5 + 1 =

16) 4 + 2 =

23) 2 + 5 =

17) 1 + 2 =

24) 2 + 3 =

Day 8 Review

You are a super hero math star. Hurray!

1) 5 + 2 =

2) 2 + 1 =

3) 3 + 2 =

4) 2 + 2 =

5) 2 + 0 =

6) 4 + 2 =

7) 2 + 5 =

8) 3 + 2 =

9) 2 + 4 =

10) 1 + 2 =

11) 2 + 2 =

12) 2 + 5 =

13) 0 + 2 =

14) 2 + 3 =

# Day 8 Review

Keep up the great effort! Fantastic work.

15) 2 + 5 =
16) 7 + 2 =
17) 2 + 3 =
18) 4 + 2 =
19) 2 + 7 =
20) 2 + 5 =
21) 1 + 2 =

22) 6 + 2 =
23) 2 + 0 =
24) 7 + 2 =
25) 2 + 4 =
26) 2 + 6 =
27) 5 + 2 =
28) 3 + 2 =

Day 9

Count ⇨

Learn ⇨ 6 + 2 = 8

Trace ⇨ 6 + 2 = 8

Copy ⇨ ☐ + ☐ = ☐

You are really improving. Bark-bark.

1) 6 + 2 = ☐
2) 2 + 4 = ☐
3) 2 + 6 = ☐
4) 2 + 2 = ☐
5) 6 + 2 = ☐

6) 2 + 5 = ☐
7) 2 + 6 = ☐
8) 2 + 1 = ☐
9) 6 + 2 = ☐
10) 3 + 2 = ☐

Day 9

You are doing so well. Just a few more. Super effort!

11) 6 + 2 =
12) 1 + 2 =
13) 2 + 5 =
14) 2 + 0 =
15) 4 + 2 =
16) 5 + 2 =
17) 2 + 6 =

18) 2 + 3 =
19) 5 + 2 =
20) 2 + 1 =
21) 2 + 4 =
22) 2 + 6 =
23) 0 + 2 =
24) 3 + 2 =

Day 10

Count ➪ 🦴🦴 + 🦴 = 🦴🦴🦴

Learn ➪ 7 + 2 = 9

Trace ➪ 7 + 2 = 9

Copy ➪ ☐ + ☐ = ☐

You are so determined. Good for you! Arf-arf!

1) 7 + 2 = ☐   6) 4 + 2 = ☐

2) 5 + 2 = ☐   7) 2 + 7 = ☐

3) 2 + 7 = ☐   8) 2 + 3 = ☐

4) 6 + 2 = ☐   9) 7 + 2 = ☐

5) 7 + 2 = ☐   10) 2 + 2 = ☐

Day 10

You are improving. Wonderful! Way to go!

11) 2 + 3 =
12) 2 + 7 =
13) 6 + 2 =
14) 4 + 1 =
15) 2 + 4 =
16) 3 + 2 =
17) 2 + 5 =

18) 7 + 2 =
19) 2 + 4 =
20) 2 + 5 =
21) 1 + 2 =
22) 2 + 6 =
23) 7 + 2 =
24) 1 + 2 =

Day 11

Count ➡ 🦴🦴 + 🦴 = 🦴🦴🦴

Learn ➡ 8 + 2 = 10

Trace ➡ 8 + 2 = 10

Copy ➡ ☐ + ☐ = ☐

You have learned so much. Now try these.

1) 2 + 8 =

2) 7 + 2 =

3) 8 + 2 =

4) 4 + 2 =

5) 2 + 8 =

6) 2 + 6 =

7) 8 + 2 =

8) 2 + 5 =

9) 2 + 8 =

10) 3 + 2 =

© 2017 Page A Day Math, LLC

21

Day 11

You make it look easy. Way to go. You are awesome.

11) 2 + 8 =
12) 2 + 2 =
13) 2 + 4 =
14) 7 + 2 =
15) 4 + 2 =
16) 2 + 5 =
17) 6 + 2 =

18) 2 + 7 =
19) 1 + 2 =
20) 2 + 6 =
21) 5 + 2 =
22) 2 + 0 =
23) 2 + 8 =
24) 3 + 2 =

Day 12 Review

You are a math star! Tremendous.

1) 9 + 2 =

2) 2 + 4 =

3) 7 + 2 =

4) 2 + 6 =

5) 8 + 2 =

6) 5 + 2 =

7) 2 + 6 =

8) 3 + 2 =

9) 7 + 2 =

10) 5 + 2 =

11) 2 + 1 =

12) 2 + 9 =

13) 8 + 2 =

14) 0 + 2 =

 # Day 12 Review

You have it now. Keep up the super effort. Go for it.

15) 8 + 2 = ☐   22) 2 + 4 = ☐

16) 1 + 2 = ☐   23) 2 + 2 = ☐

17) 2 + 0 = ☐   24) 7 + 2 = ☐

18) 1 + 10 = ☐   25) 1 + 9 = ☐

19) 5 + 2 = ☐   26) 1 + 7 = ☐

20) 2 + 8 = ☐   27) 2 + 6 = ☐

21) 8 + 1 = ☐   28) 3 + 2 = ☐

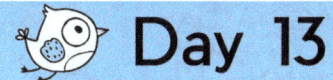
Day 13

Count ➡ 　 + 　 = 　

Learn ➡ 9 + 2 = 11

Trace ➡ 9 + 2 = 11

Copy ➡

You are a great math student! Try these.

1) 2 + 9 =
2) 7 + 2 =
3) 9 + 2 =
4) 2 + 6 =
5) 2 + 9 =

6) 2 + 5 =
7) 9 + 2 =
8) 8 + 2 =
9) 2 + 9 =
10) 4 + 2 =

Day 13

Nice going. You can be very proud of yourself. Yay!

11) 9 + 2 =

12) 2 + 5 =

13) 7 + 2 =

14) 2 + 8 =

15) 2 + 9 =

16) 6 + 2 =

17) 2 + 7 =

18) 2 + 3 =

19) 6 + 2 =

20) 2 + 1 =

21) 0 + 2 =

22) 2 + 9 =

23) 8 + 2 =

24) 2 + 4 =

Day 14

Count ⇨ [blocks] + [blocks] = [blocks]

Learn ⇨ 10 + 2 = 12

Trace ⇨ 10 + 2 = 12

Copy ⇨ ☐ + ☐ = ☐

You are almost done with this book! Awesome!

1) 10 + 2 =
2) 2 + 7 =
3) 2 + 10 =
4) 6 + 2 =
5) 10 + 2 =

6) 2 + 8 =
7) 10 + 2 =
8) 2 + 5 =
9) 2 + 10 =
10) 9 + 2 =

Day 14

Hurray! You earned a certificate! Congratulations!

11) 2 + 1 = ☐
12) 10 + 2 = ☐
13) 2 + 6 = ☐
14) 2 + 2 = ☐
15) 0 + 2 = ☐
16) 2 + 7 = ☐
17) 4 + 2 = ☐

18) 9 + 2 = ☐
19) 2 + 5 = ☐
20) 2 + 9 = ☐
21) 10 + 2 = ☐
22) 2 + 8 = ☐
23) 3 + 2 = ☐
24) 8 + 2 = ☐

Certificate

HURRAY! YOU ARE A MATH STAR!

THE MATH SQUAD CONGRATULATES _____
FOR COMPLETING **ADDITION AND COUNTING, BOOK 2.**

www.ingramcontent.com/pod-product-compliance
Lightning Source LLC
Chambersburg PA
CBHW081402080526
44588CB00016B/2574